U0121066

好心情颜色图鉴

[日] 七江亚纪 著　　王媛 译

贵州出版集团
贵州人民出版社

前　言

几乎每本减肥、美容书里都会提到这样一句话，那就是"他人的眼光很重要"。这句话在我自己的书里也出现过不知道多少次了。但每当看到这句话，我心里总有种说不出来的感觉。

我从事色彩顾问这份工作已经有二十五年了，为很多个人和企业做过色彩咨询，也听过很多人倾诉他们在颜色运用方面的烦恼。我发现，如何运用颜色最重要的不是他人的眼光，而是自己的看法。也就是说，比起他人眼中的自己，"自己眼中的自己，自己的眼光"才是更重要的。

新冠疫情期间，很多人都长时间待在家里，不能随意出门逛街，不能和朋友一起吃饭，也不能去旅游。每天看到的都是一成不变的房间或手机和电脑屏幕，还有镜子中的自己。

正因为疫情期间想要出门转换心情并不是一件容易的

事，我们才更应该在自己的日常生活中增添一些变化，享受自己的眼光带来的乐趣。我们可以随意使用各种颜色来改变生活。我们身边的颜色就不少，简单运用一下，就能够转换心情。

在本书中，我将会谈到尊重自己的眼光而做出的颜色选择，以及如何运用颜色将烦恼抛诸脑后，一扫郁闷的心情。

视频通话的时候，你会因为画面拍不到全身就随便拿一条皱巴巴的运动裤穿在身上，还是会给自己搭配一条颜色鲜艳的半身裙？不出门的时候，你是一整天都素颜，还是会化一个自己一直不敢尝试的彩妆？哪种做法更令自己期待呢？

不要总想着"又不是要去见谁，就这样吧"，去选择那个更能让自己精神振奋的做法吧。正因为疫情期间我们基本上都待在家里，可以不必在意周围人的眼光，所以更适合随心地选择自己满意的颜色来搭配。

既然戴了口罩，就不化妆了！抱有这种想法的人肯定也不少。但就这样浪费掉这个机会，未免太可惜了！如果有人觉得，化妆很麻烦，戴个口罩遮一下就行了，建议先抛开这种想法。我非常理解大家这种"只要自己乐意，素颜不也挺好的吗？"的想法。但是，请仔细想一想：如果理由仅仅是"图省事"，这不就是在敷衍自己，觉得自己也就这样了，不也是对自己的一种不爱护、放任不管的表现吗？

如果觉得日常生活枯燥乏味，那就为自己做一些改变吧。出门的机会变少了，好好化妆打扮的次数可能也减少了。但是，并非只有发生令人激动的事情，才能给生活带来乐趣。视觉上的享受，也可以让日常生活充满期待。

好了，我们稍微整理一下思绪，开始进入正题吧。

第一部分将会介绍什么是"遵从内心的颜色选择"，以及我们能从中体会到什么样的乐趣。

第二部分是关于我们如何改变消极状态、成为积极的自己的。

第三部分则是教我们如何打造更闪耀的自己。

在第二、三部分内容中，我会告诉大家在不同的情况下，应该使用什么样的颜色，并且从"随身物品""饮食""家居环境"三个方面向大家展示如何在日常生活中运用这些颜色。

听到"运用颜色"，大家可能只想到服饰和妆容。但颜色的运用方式其实就如颜色本身一般多种多样。不管是食物、毛巾，还是街边的花朵，甚至是一些我们平时没注意到的东西，都是我们能够以全新的视角去享受颜色的素材。

希望大家能以这本书为参考，不管何时何地，让自己把握自己的心情。如果这本书能够让大家的生活变得更加多姿多彩，我会感到非常开心。

目录
contents

第一部分
Part 1

遵从内心的颜色选择，让生活充满乐趣

第二部分
Part 2

让颜色成为伙伴，
找回原来的自己

被他人牵着鼻子走时，
可通过紫色和
橙色来表达自身想法

心情烦躁时，
用米色系来治愈自己

为琐事而担心发愁时，
感受绿色和棕色
带来的浓郁自然气息

30

22

38

产生疲倦感，无法展露笑颜时，
换上阳光般的橙色

事情繁多，内心焦急时，
用蒂芙尼蓝来放松身心

70

遇到令人紧张的场合时，
红色＆金色／银色能让你成为
自信的『女演员』

62

脑子里一团乱时，
将自己置身于
『蓝色＆白色』的世界中

46

54

第三部分
Part 3

借颜色之力，
成为更闪耀的自己

以温柔对待身边人，
借粉色和奶茶色平复心情

感受黄色的独特魅力
激发灵感思维，

成为干劲十足的自己，
用红色给自己补充能量

给自己一份宠爱，
让粉色和灰色围绕在身旁

提升自身气质，用宝蓝色打造高雅感

想得到他人信赖时，给藏青色搭配上一抹纯白

成为更美丽的自己，探寻不同色调的粉色

128

112

120

Part 1

第 一 部 分

遵 从 内 心 的
颜 色 选 择 ，
让 生 活 充 满 乐 趣

随心所欲地选择颜色，
是对自己的一份珍爱

你喜欢什么颜色？现在正穿着什么颜色的衣服？选择这个颜色的原因又是什么？

我想通过这本书让大家了解"如何用颜色来振奋精神，为自己带来快乐和活力"。遵从自己的内心而选出的颜色，肯定会为生活增添不少乐趣。

在颜色选择上，适当地参考他人的建议当然重要，但更重要的是，先想清楚自己的选择标准是什么。

你能否找到"遵从自己内心的颜色"呢？

说到遵从自己内心的颜色，大家脑海中最先浮现的应该就是把与自身肤色相称的颜色以春、夏、秋、冬四季来分类的个人色吧。

所谓个人色，并非长大后才有的装饰色，而是指那些能和人体固有色（发色、瞳色、肤色）相协调的颜色。把那些能够凸显自己个性的颜色巧妙地运用到平时的穿着打扮中，呈现出来的效果一定会让人眼前一亮吧。

很多女性都想知道什么是适合自己的颜色，想要变得更漂亮。我帮她们做过很多个人色分析，让她们充分了解到适合自己的颜色的魅力。但同时，我也会告诉她们，颜色本身就是能够给予她们力量的存在。

几乎每个人看到自己的个人色分析结果后，都会感觉仿佛打开了新世界的大门。我自己就亲身体会过个人色带来的巨大变化。所以每次听到大家聊起自己的感受时，我都会不禁产生"没错，没错，就是会这样！"的强烈认同感。周围有不少人说个人色给她们的外表带来了显著的变化，比如皮肤变好了、人变年轻了等。听到这些变化，即便是我，也会忍不住觉得惊讶。

不过最让我惊讶的还是颜色运用给人带来的心境上的变化。原本像坐过山车般起伏不定的心情，逐渐趋于平稳，人不再那么容易心神不定了，仿佛脱胎换骨一般。我希望能让更多人体会到这份感动……所以我一直坚持从事与颜色相关的工作。

不过，在我遇到过的人当中，也有不少人完全钻进了个人色的牛角尖，渐渐变成了"必须是这个颜色""无法接受除了个人色以外的其他颜色"。当她们想要改变时，却发现自己已经无法摆脱这种束缚了。

其实，如果以更轻松淡然的心态，比如抱着"哦，原来还能这样啊"的态度来看待个人色，我们可能更能够随心所欲地享受颜色带来的乐趣。但不管怎么说，颜色本来就是一种会扰乱我们内心的神秘存在。

如果能通过个人色来振奋精神当然很好，但如果因此对自己的选择进行限制，束缚了自己的想法，那倒也没必要执着于选择个人色。确实，适合自己的颜色能让我们展现出不一样的风貌，但当它让我们变得烦恼和痛苦的时候，我们就应该抛开对它的执念。

还没有测试出个人色的人不需要着急，没兴趣了解的人也不需要强迫自己去了解。我身边也有很多不了解自己的个人色的人，毕竟每个人都可以有自己的想法。

束缚我们自由选择颜色的不只有个人色，还有"符合年龄"这一选择标准。

有自己给自己设限的，"都已经三十岁了，还是穿些颜色显沉稳的衣服吧"。也有受到家人影响的，"都已经这个年龄了，不要总是和年轻人一个打扮，穿些这个年龄的人该穿的衣服吧"。

在这里我要郑重声明，从古至今，并不存在什么符合年龄的颜色。如果身边有人讨论"符合年龄的颜色"，那就赶紧远离这个话题，把注意力放在更能给自己带来期待的事物上吧。

我在街上看到过一些五六十岁的人，他们仍然像年轻时那样打扮自己，穿着亮色的衣服，神采奕奕的，在他们身上完全感觉不到年龄的存在。每次我都会在心中暗暗感叹："没错，就是这样！""这样真好啊！"不仅如此，他们的腰板挺得笔直，一举一动都透着优雅，浑身散发着魅力。

我们不要被年龄、性别、肤色或瞳色这些因素所左右，要更加坦率地遵从自己的心情，自由地选择颜色和服饰。人生从此刻开始。不管到了几岁，好好享受自己的风格就行了。就我而言，现在的我，就比年轻时更加懂得享受颜色带来的乐趣。

"不要让'适合自己的颜色'和'符合年龄的颜色'束缚了自己。"

"每种颜色都会对心情产生影响。"

"要根据不同的场合和心情，灵活选择颜色。"

只要知道这几点，就可以了。

撇开他人的价值观，再次思考一下随心所欲地选择颜色的重要性。做真正的自己就好。这样你就会越来越懂得爱护自己。有了对自己的这份珍爱，身边的人也会自然而然地感受到你的魅力。

身边的颜色，
远比我们想象中的丰富

我们不仅仅可以通过穿着打扮来享受颜色。说到颜色，大多数人自然而然就会想到服饰和妆容。但其实在你周围五米范围内的所有颜色，都是你可以用来享受颜色的素材。

话不多说，我们来找一下身边的颜色吧。这里并不特指衣服和配饰的颜色，也把目光转向厨房吧。

餐垫、杯垫、盘子、锅……这些都是什么颜色呢？从中选出自己喜欢的摆放出来。怎么样？看出自己平时和颜色是如何相处的了吧！

家中厨房是非常私人的空间。正因为如此，厨房的颜色会给我们带来很大的影响，所以即使是一些小物品，也要在颜色上有所讲究。当然，服饰和妆容也和颜色有着密切的关系。不过，要想长久地享受美丽，健康的生活是基础。因此，饮食非常重要。不仅如此，用餐的地方、煮饭烧菜的地方的颜色运用同样重要。

新冠疫情暴发，大家的居家时间也随之增多。正因如此，大家才更应该学会在家里享受颜色带来的乐趣。尤其是在饮食方面，因为食材有着各种各样的颜色，还不太习惯按自己的想法来运用颜色的人也能从中得到练习。

除了因工作忙没时间出门或自肃①期间之外，我尽可能每天都去一趟超市，买些新鲜的食材，为的就是看看这些新鲜蔬菜的颜色。新鲜蔬菜不仅色泽饱满，而且鲜嫩水灵，充满生机。

此外，亲眼看到这些蔬菜和水果，也能让自己从中感受到季节的变化。夏天的番茄和冬天的番茄，不仅味道不

---

① 本文指疫情期间，日本的一种倡导民众自我约束以减少社会活动的社会管理模式。——编者注

同，连颜色也不一样。同是土豆，男爵土豆和新土豆的外皮颜色也是不一样的。

看到这些食材纯天然的颜色，就能够感受到日本的四季更迭，这会为每天千篇一律的生活增添一些变化，人的内心也会变得更充实。

买到了应季的食材，那么盛放菜肴的碗盘也该讲究一下吧。重新看看自己家里的碗柜，可能会发现自己无意中经常使用的餐具其实并不是自己所喜欢的，而是他人送的礼品或商店的赠品。生活中可能会有很多类似这样的情况，我们使用得更多的不是根据自己的颜色喜好买来的东西，而是带有"他人选择色"的物品。

不只是餐具，还有锅和电炉这些厨具也是如此。仔细看一下，你可能就会发现，它们的颜色各种各样，缺乏协调性。

"吃饭"是生活中不可或缺且十分日常的行为。那么就试着先从晚餐开始，让自己选择的颜色出现在食物和餐具中吧，这肯定能为你的用餐时光增添更多乐趣。

总是待在家里，也会有疲倦的时候吧。当你没什么精神去整理收拾，只能任房间凌乱着的时候，颜色便会从四面八方涌入你的视野，这反而会加剧你的疲倦感。这种时候，你应该把视线转向室外，观察一下大自然的颜色。

出去散散步也可以啊。在路边观赏一会儿花坛，从漂亮的庭院前经过，去公园看看绿植。这些都是非常好的享受颜色的习惯。

有闲情逸致的时候，建议你从大自然中领略一下每个季节的颜色。春天的绿和秋天的绿，不管是在视觉上还是在感觉上都不一样。春天的绿，是仿佛散步都能让肌肤得到滋润的、娇嫩而浓郁的新绿。而秋天的绿，是树叶枯萎、颜色褪去后的一种雅致的绿，看起来较为沉稳。自然界的颜色每时每刻都在变化，不存在两种完全相同的颜色。正因为如此，我们才更应该珍惜和大自然的每一次相遇，并把它们深深地印在脑海中。

如果远离大自然，也可以抬头看看天空，享受一下天空的颜色。早上的天空、中午的天空和晚上的天空所呈现的蓝色是不一样的，但都充满了神秘感，让人心动。

能够享受颜色的地方非常多。透过颜色这个滤镜所观察到的世界，和没有这个滤镜所看到的世界，在颜色的丰富性上肯定有着一百八十度的差别。生活中既有人工色，也有自然色，身边的颜色远比我们想象中的丰富。

发现了颜色的有趣之处后，我们每天的生活将会充满期待。去超市买食材的时候，也要像在百货商店挑选衣服那样，有意识地去感受颜色。把附近的超市和商业街当作享受颜色的宝库，想必也会其乐无穷。

我在以前的书中也多次强调过，**颜色是我们的人生伙伴**。希望大家能注意到，颜色就在自己的身边，是非常可靠的存在。

用能代表自己风格的
颜色和意想不到的颜色，
打开新世界的大门

　　每天的生活千篇一律，不知道时间都去了哪儿，因而感到焦躁不安。大家都有过这种感受吧。虽然对生活没有什么特别大的不满，但还是会有"照这样下去真的好吗？"的停滞感。

　　如果你想遇到能令自己兴奋的事物，或想进行一些新的挑战，那就从改变身边的颜色开始吧。

　　买衣服和鞋子的时候，你是根据什么来选择颜色的呢？

　　我的客户中有很大一部分对这个问题的回答是"一直都是选择比较稳妥的那种颜色"。有时候他们也会兴冲冲地去百货商店，打算选个新颜色，但结果还是选了和平时一样或者差不多的颜色。

当我问他们是否喜欢这个颜色时，他们的回答则是"要说讨厌倒也不讨厌，但要说喜不喜欢，我也不知道"。我发现其实有很多人选择某个颜色的理由都是"这个比较稳妥""这个比较百搭"。

选择稳妥或百搭的颜色，这当然也没错，但确实"稳妥＝普通"。如果想从颜色中获得乐趣，那就选择和平时不一样的颜色吧。这可能需要一些勇气，但当你看到镜子里不一样的自己时，便会有一种开心的感觉涌上心头。

另一方面，也有些人只用自己喜欢的颜色。

比如说，某人最喜欢的颜色是粉色，于是成天穿粉色的衣服，背粉色的包包，甚至连房间都是粉色的。有喜欢的颜色，这当然很好，但如果一直只用这一种颜色，那会怎么样呢？

喜欢的颜色和喜欢的蛋糕、喜欢的饮料、喜欢的运动这些你喜爱的事物一样。再喜欢的蛋糕，你会每天都吃吗？再喜欢打网球，你会连衣服和小物品都有网球元素吗？如果真的是这样的话，那就算是生活中的一种失衡了吧。

如果一直只选择一种颜色，每天的生活也会变得千篇一律。此外，这其实也可以说是一种执念。没有这种颜色就活不下去，这样说可能有点夸张了，但一旦过度使用喜欢的颜色，确实会产生这种错觉。

只用自己喜欢的颜色来充实生活，一开始会觉得很幸福，但之后肯定会越看越觉得不顺眼。到时候，你就会不知道自己该用什么颜色了。

即使只有一点想要享受颜色的想法，也可以赶紧尝试一下。

先观察那些善于运用颜色的人。可以观察身边的朋友或家人，也可以逛街的时候观察周围的人。看到有些人把漂亮的颜色巧妙地穿搭在身上，迈着飒爽的步伐走在路上，那种幸福感连身为旁观者的自己也会感受到。

能够运用多种多样颜色的人，能体会到各种各样的幸福。让我们从专业角度来简单解释一下。太阳光和灯泡发出的白光经过三棱镜的折射后会分散成彩虹般七彩的光。

也就是说，是多种颜色混合在一起，照亮了这个世界。

如果能游刃有余地运用各种颜色，那么不管是柔和的烛光，还是晴天耀眼的阳光，抑或是各种各样其他的光都会照亮你的身边，让你感受到幸福。

另外，要对颜色敏锐一些。尝试不一样的颜色，不仅能遇见不同于以往的自己，还会遇到你之前从未说过话的人，增加很多美妙的相遇。

即使是之前完全不感兴趣的人，看到对方和自己在穿搭上颜色相同，也会对对方产生兴趣：为什么会选择这个颜色呢？颜色上的共鸣，能够拉近人与人之间的距离。

用不着一下子就把各种颜色都运用到生活中来。从能做到的地方开始，一点点来也没关系。

如果还不太敢把新颜色运用到自己的穿着打扮中，可以先从室内装饰和厨房的一些小物品着手，养成一些运用颜色的小习惯。

做出一次尝试之后，就会有新的发现。怀着那份期待，去尝试不同的颜色吧。**如果总是因为在意别人的眼光而选**

择颜色，就永远无法活出自己的风采。不需要成为明星，按自己的风格去生活，这才是最幸福的。根据自己的心情，使用这个颜色，放下那个颜色，在不断选择的过程中，就会产生幸福的连锁反应。

想带给别人幸福，就要先让自己感到幸福。想让别人来爱你，就要先爱你自己。如果无法做到发自内心地珍爱现在的自己，可能也就无法完全展现真实的自己。

颜色带来的感受会随着心情和环境而不断变化。之前讨厌的颜色可能会在某一刻给予你勇气和安慰，反之亦然。没有哪种颜色带给人的感受是一成不变的，所以才充满了乐趣。

先把心中的偏见清空，好好享受运用颜色的乐趣吧。有了颜色的助力，我们能够拓展出更多的可能性。把自己对颜色的印象角色化，可能会发现自己全新的魅力。昨天是红色系的人，今天是绿色系的人，明天是白色系的人……不觉得这样的生活充满了期待吗？

用 颜 色 改 变 人 生

　　前面说了很多感受颜色、运用颜色的乐趣，接下来就要告诉大家在生活中如何具体运用颜色了。不过在那之前，我还想再说一点，那就是颜色会在不知不觉中给我们的身体和心理带来变化。

　　比如说，某天早上一起床人就心烦意乱，自然没什么心情去挑选衣服，不知不觉手就伸向了黑色衣服（大家有过这种时候吧）。虽然穿着那身黑色衣服去了公司，但又担心会不会有同事或前辈问自己"怎么感觉你脸色有点差?"，于是心情比早上更低落了。

再比如说，自己有个非常喜欢的指甲颜色，这里就假设是红色吧。平常可以帮助自己振奋精神的颜色，今天却总觉得碍眼，导致人完全静不下心来工作，最后甚至可能对这颜色忍无可忍，脑子里只剩下一个想法："立马涂上别的颜色！"

像这样，自己选的颜色有时候也会意想不到地起到反作用。

去到充满白色的医院时，总会紧张不已，但在充满了温柔粉色的妇产科，就会有种松了口气的感觉。大家有过这样的经历吗？白色，是种纯粹、崭新且干净的颜色，也是有助于重整心情的颜色。但在身体不舒服的时候或在重要的场合，这种颜色有时也会给人带来紧张感。妇产科用粉色代替了白色，那份紧张感也在粉色的温柔和包容中得到了安抚。

就像我举的这些例子一样，我们在不知不觉间就受到了颜色带来的影响。但是，请稍微想一下，这是不是也意味着我们可以反过来好好利用颜色的效果。被颜色牵着鼻子走的生活差不多该结束了，是时候轮到自己来主动运用颜色了。这样，我们的生活肯定会更加顺心如意。

　　从下一部分开始，我将会介绍如何在各种情况下有效地运用颜色。不管是小忧愁还是大烦恼，都能用颜色巧妙地化解。

第 二 部 分

让 颜 色
成 为 伙 伴 ， 找 回
原 来 的 自 己

为琐事而担心发愁时，

感受绿色和棕色

带来的浓郁自然气息

不管是谁，都难免会有意志消沉的时候。大家遇到过这种情况吧：在别人看来无关紧要的小问题，自己却在意得不得了，于是对自己失去信心，沮丧、失落的感觉油然而生。然而没有人能帮你处理这份情绪，所以比较麻烦。

在失去自信、自己的内心开始动摇时，可以在生活中融入一些带有棕色的物品。有沉稳的棕色的陪伴，烦乱的心情应该也能慢慢平静下来。在客厅里铺上一张质感舒服的棕色地毯，或者把每天都会用到的记事本的封面换成棕色的，都可以。

当你为如何解决问题而担心发愁时，可以借助一下绿色的力量。绿色是一种能够让摇摆不定的心情回归平静的颜色。

棕色和绿色都是自然气息浓郁的颜色。想要振奋精神的时候，不妨选择这两个色系的时尚单品。春季的时候，就选用亮绿色和浅棕色的。秋季的时候，则可以选择深绿色和深棕色的。

随身物品

棕色是适合和所有颜色搭配的经典色，所以在大家的衣服、配饰和化妆品中出现的频率应该很高吧。棕色一般都是作为辅助色出现的，比如"为了凸显唇色，眼影就用茶色系的吧"。但在意志消沉的时候，就应该把茶色作为主色调来进行搭配。

场景 1

可以穿上一条生菜绿这类亮绿色的半身裙，帮自己找回好心情。如果不太能接受亮绿色的衣服，也可以穿一双漂亮的祖母绿高跟鞋，从双脚开始感受绿色的力量。

给自己画个沉稳的棕色眼妆。这样每次看到镜子里的自己时，心情就能够平静下来。眼线和眼影都可以画得比平常略深一些。画个棕色系的口红也很好看。

担心发愁的时候，可以选择茶色的手提包陪自己出门，这能给你满满的安心感。有了大地色的陪伴，应该就能够找回一种"船到桥头自然直"的放松心态。

饮　食

　　我刚刚也提到过，绿色和棕色是自然之色。这两种颜色在超市里随处可见，像是蔬菜和坚果等。在超市逛一圈，然后买几种色调比较浓烈的食材吧。情绪消沉的时候，更应该做一些需要费点功夫的菜肴，这样能让人从中获得成就感，打起精神来。

场景 1

　　用绿色和黄绿色的蔬菜做一份沙拉，品尝一下新鲜蔬菜的味道吧。生菜、水芹、芝麻菜这些都可以放到沙拉里。从时令蔬菜中获得力量吧。

场景 **2**

用沉稳感十足的茶色珐琅锅"咕嘟咕嘟"慢炖出来的菜肴怎么样？热气腾腾、入口即化的美食，能给我们蓄上温和又强劲的能量。

场景 **3**

点心的话，可以来点巧克力。假日有空的时候，也可以烤一些燕麦核桃饼干。

家居环境

容易陷入消沉情绪中的人，建议可以将房间装饰成自然风格的。原木家具保留了木材本身的质感，尤其能够让人平静下来。当然，在家里养些花草植物也是可以的。平时多接触一些泥土和树木之类的，有助于日常心情的调节。

场景 **1**

心情低落的时候，可以泡个热水澡，在水里加入一些带有森林气息的入浴剂。除了柏树和松树这些树木系的之外，蓝桉和檀香等药草系的入浴剂也很治愈。

场 景 **2**

把靠垫套和地毯换成
绿色的，给房间增添一份安
心。平常就容易情绪消沉的
人，索性给窗帘也换上好看
的绿色吧。

场 景 **3**

可以在家居用品里融入
一些深木纹元素，即便是一
些杂货小物也可以。比如用
来盛放小物品的托盘、垃圾
桶、画框等。为了能够随时
看到这些深木纹的物品，建
议把它们分散摆放在房间不
同的位置。

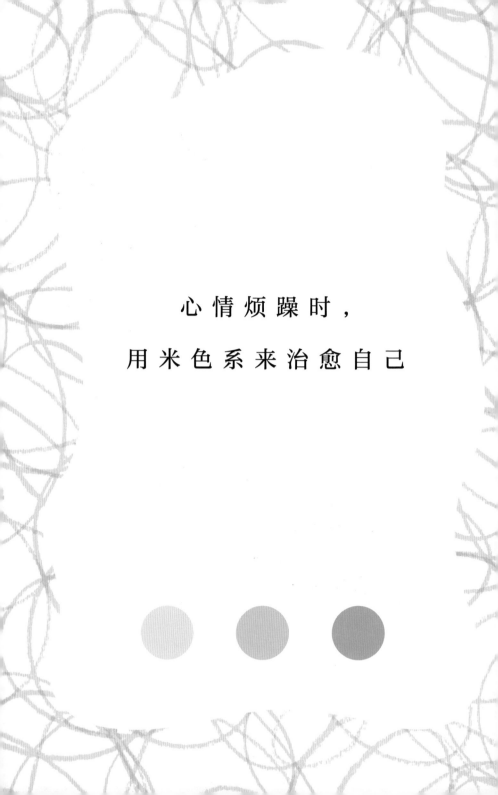

心情烦躁时，

用米色系来治愈自己

当不走运的事情接连发生的时候，和他人在沟通上不断产生分歧的时候，你会不会对所有事情都感到烦躁？一旦踏入烦躁这个情绪旋涡中，要想挣脱出来就没那么容易了。

当控制不住烦躁的情绪时，我们会不断责备身边的人，责备自己。这时候建议大家给予对方多一点理解——"没办法，毕竟每个人的想法都不一样"，拿出一笑置之的大度。此时，可以让贴近肤色的米色系温柔地围绕在自己身边。每个人的肤色各不相同，米色系的色调也各种各样。寻找适合自己肤色的那一种米色，也是了解自己的重要过程。

米色是由白色、黑色和黄色混合而成的颜色。在威严感十足的白色和黑色中，加入明亮的黄色，就形成了一种兼具沉稳感和明快感的颜色。这也是在心情烦躁时值得一试的颜色。

当你想发泄自己心中的不满时，先深呼吸一口气。自己的心情应该由自己来把握。请借助米色的力量，找回开心的自己吧。

随 身 物 品

心情烦躁的时候，可以先从自己的随身物品开始，融入一些能够平稳情绪的颜色。如果觉得纯米色显得有些单调，也可以选用米粉色和米蓝色这些浅色系的。粉色能够唤起人们心中的温柔，而蓝色则能让人恢复冷静。

场景 1

指甲油可以选择粉色或者米色的。指甲的颜色总会在不经意间进入我们的视野，所以给指甲涂上一层温柔的颜色，就好像是在时不时地告诉自己"不必勉强"，是护身符一般的存在。

场景 2

给自己喷上一些粉色或米色的香水吧。如果是无色的香水，最好选用花香系列的，这能让自己从香味中感受到粉色的气息。

场景 3

比较正式的场合，建议穿米色系的西装或套装。穿着这样一身颜色柔和的衣服，不仅能给人留下好印象，也能让温柔围绕在自己身边。

饮 食

心烦意乱时，再好吃的饭菜都会显得没那么可口了。米色系的食物大多味道自然、简单，所以可以把它们加入自己的菜单中，从味觉上帮自己找回平静。仔细感受一下这些食物的触感、嚼劲以及气味，有助于平复烦躁的情绪。

场景 **1**

心情烦躁的时候，建议使用米色系的餐具，尤其是带有粗糙感的陶制餐具，这能让我们从中感受到泥土的温度。米色系餐具颇有韵味，可以放一套在家里，非常实用。

场景 **2**

土豆、莲藕还有牛蒡这些都是米色系的食材，用它们来做几道菜吧。把这些根茎类蔬菜切完，然后放到锅里去煮，心情也会随之变得舒畅。

场景 **3**

把平常喝的咖啡换成奶茶。用大量牛奶煮出来的红茶，不管是看起来还是喝起来，都会让人感觉十分醇厚。经常喝红茶的人，只需换一种茶叶，就能换一种心情。

家居环境

在室内布置中，需要注意的不仅是颜色，还有房间的氛围感。不单要考虑每件家具各自的颜色，还要把握好房间整体的协调性。如果有些单品自己都觉得"这个颜色好像不太搭"，那就暂时把它收纳起来，或者拿块布遮挡一下。

场景 1

睡前两小时左右，把房间的灯光调成白炽灯的间接照明①。伴随着柔和的光线，让身心得到放松。也可以去找一找自己喜欢的灯具，小型的也可以。

---

① 间接照明，也称为反射照明，是指灯具或光源不是直接把光线投向被照射物，而是通过墙壁、镜面或地板反射后的照明效果。——编者注

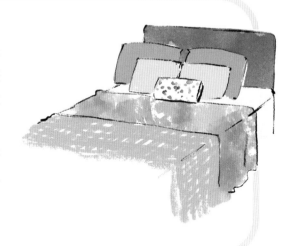

场景 **2**

　　把床上用品统一换成米色系的，能够有效缓解一整天的烦躁情绪。不光是换床单和枕套，也同时推荐使用材质柔软的毛巾被，这些能帮助自己以平稳的心情进入梦乡。

场景 **3**

　　用一些深棕色的画框来装饰图片也不错。不管是从杂货店买来的明信片，还是自己拍摄的照片都可以。即使是日常风景画，用深棕色的画框装饰，放在房间里也很好看。

被他人牵着鼻子走时，

可通过紫色

和橙色来表达自身想法

我家阳台上养了一些铁线莲。别看它枝条纤细，其实没那么容易折断，而且每年都会盛开大朵的花。我第一次看到铁线莲的时候，就不禁在心中感叹："这简直就是植物界的皇后啊。"事实上，铁线莲被称为"藤本花卉皇后"。在我看来，铁线莲之所以能被称为皇后，不单是因为它的花形，还因为其花色呈浓郁的紫色。

　　紫色，是一种高贵优雅、魅力十足的颜色。不管是红紫色，还是蓝紫色，都充满了神秘感，令人着迷。紫色在所有颜色中别具一格，成熟稳重且不乏威严感。紫色会让人想起薰衣草，不仅具有治愈人心的效果，还能帮你找回自己的那份威严感。

　　另外，还有一种颜色也想推荐给大家，那就是橙色。**橙色能够给予你说"不"的勇气，**因为它会为你营造出一种既不会破坏现场气氛又能让你把"不"说出口的环境。

　　"总是被别人的想法牵着鼻子走，自己的主张完全说不出口……"有这类烦恼的人可以将充满威严感的紫色以及能够营造和谐气氛的橙色巧妙灵活地运用到生活中，以确立自己的风格。

随 身 物 品

紫色和橙色都是具有视觉冲击力的颜色，所以大家可能不太有以紫色或橙色为主色的衣服。不太敢尝试这两种颜色的人可以先试试淡紫色和浅橙色。因为它们都是能让人印象深刻的颜色，即使只作为点缀出现在服饰上也非常好看，所以只需一点点，就能让你自信起来，成为不同于以往的自己。

场景 1

穿上紫色的连衣裙，成为有威严感的自己吧。如果不太能接受紫色的衣服，选择紫色的内衣或化妆包等小物品，同样能够让自己的精神振作起来。

橙色系妆容也强烈推荐。可以试着用一下橙色的眼影或唇彩。米橙色通常比较衬肤色，所以大家可以不用担心，大胆去尝试吧。

场景 **3**

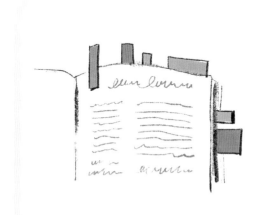

把工作中使用的便利贴换成橙色的吧。橙色是能够将大家凝聚到一起共同解决问题的颜色，所以可以有效提高团队协作能力。在进行头脑风暴或者想托他人转达事情的时候，一定要记得用上橙色。

饮 食

　　紫皮洋葱、紫甘蓝、紫薯……这些紫色的食物能够让日常的菜肴呈现出精致感，所以非常适合用于点缀菜色。一味地重视他人想法的人一定要让自己认识到，用餐和茶歇时间都是"为自己所用的时间，只属于自己的时间"。

场景 1

　　早上来一杯鲜榨巴西莓果汁！它含有丰富的多酚、铁元素以及维生素，有助于消除疲劳，美容养颜。另外，根据自己的喜好，也可以搭配一些其他水果和格兰诺拉麦片等。

场景 **2**

放个橙色的马克杯在身边，能够鼓励自己大胆地说出自己的主张，也有助于自己把想法清楚流畅地表达出来。注意，蓝紫色会降低食欲，所以记得不要过多地使用这个颜色的餐具。

场景 **3**

有空的时候，可以给自己做一份精美的沙拉，点缀上一些紫皮洋葱。说实话，要把沙拉做得精致漂亮其实还是挺费功夫的。但正是因为花了功夫，我们才能感受到自己是特别的。

家居环境

　　和随身物品一样，家居环境也只需要少许的紫色和橙色元素，就会非常有视觉冲击力。因此，大家可以把这两种颜色融入家里的花卉和图画中，这样既方便更换，又极具效果。颜色带来的感受并不是固定不变的。如果因长时间使用同一种颜色而产生了疲倦感，也可以试一试其他颜色。

场景 1

　　把用来给植物浇水的喷壶换成橙色的。浇水喷壶会经常用到，所以更容易让人感受到颜色带来的影响。每浇一次水，橙色的影响就累积一次，渐渐地自己就会成为一个有主见的人。

场景 **2**

自己没有明确想法的时候，可以在房间里装饰一些带有个性图案的明信片。选择那种平常不太会去买但能给人留下深刻印象的图案。差不多看厌那些图案的时候，自己的风格应该也就大致形成了。

场景 **3**

在房间里放一些橙色的花，既简单方便，又十分醒目。可以在花瓶里插上几枝橙色系的非洲菊或虞美人，也可以在阳台上放几盆金盏菊。

脑子里一团乱时，

将自己置身于

"蓝色＆白色"的世界中

我曾经在离海很近的地方生活了两年。在搬去海边之前，有段时间我每天都扑在工作上，生活中除了工作就是工作，这让我产生了想要重置生活的想法。于是，我毅然决然地给自己换了个生活环境。在新住处，天晴的时候，能看到白雪皑皑的富士山和波光粼粼的海面。这幅蓝白构成的景色几次拯救了我。

　　生活在这样的环境中，思绪便会逐渐清晰，生活节奏也会随之发生有意思的变化。

　　如果你每天都有一大堆事情要去考虑，处理起来又毫无头绪，这时候记得让自己走进"蓝色&白色"的世界中。

　　蓝色能够让你从兴奋的状态中恢复平静。让你在面对重大决定时，依然能够做出冷静的判断。

　　而白色，正如"回到白纸的状态"这句话所说，能够帮你清空混乱的思绪。先让自己冷静下来，然后再慢慢地理清自己的思路。毕竟人在不知所措的时候，勉强自己整理思绪也收不到什么效果。

随身物品

这里所提到的蓝色和白色都是为了"重置"思绪，所以我比较推荐用纯色。如果身边没有这样的衣服和小物品，也可以抬头看看晴朗的天空，然后再回到纯白色墙面的房间工作，这样你会有种得心应手的感觉。大家一定要记得试试看。

场景 1

把经常用到的记事本和笔换成清爽的蓝色吧。用蓝色的笔，在每日待办事项上画下一个个表示完成的标记，顿时成就感满满！

场景 2

白麝香的肥皂或洗手液带有一股淡淡的香味，光是用它们洗手就能振作精神。另外，白麝香的味道比较偏中性，所以也能起到平静心情的作用。

场景 3

毫无头绪的时候会不自觉地拿起手机来逃避的人，可以给自己换个白色的手机壳。手机是长时间带在身边的物品，所以更应该选择能够给自己带来一些紧张感的颜色。

饮　食

　　用餐的时刻是我们能够从工作中抽身片刻、转换心情的重要时间。如果厨房或桌子上乱糟糟的，就先简单收拾一下，放上白色的餐具，来重置自己的心情。围裙可以选择纯白色的，不仅能够增加一些紧张感，让自己专注于眼前的事物，而且还具有显瘦效果哦。

场景 **1**

　　早餐、午餐等时间，可以用鲜艳的蓝色餐垫搭配纯白色的餐具，打造出海滨风格的餐桌。鲜明的颜色对比，能让人打起精神来。

场景 2

蓝色的食物不大常见，所以就多吃点蓝莓吧。拌在酸奶里，或者冷冻后放在苏打水里，蓝莓的酸味在口中散开，不仅让人心情变得畅快，眼部疲劳也能得到缓解。

场景 3

做一道白萝卜沙拉，一边在视觉上享受白色，一边品尝吧。生萝卜鲜嫩多汁，口感爽脆。想要立马重置心情的时候，也可以"把牛奶一口气干了"。

家居环境

　　在房间里装饰蓝色和白色的小物品反而会有种乱糟糟的感觉，不如在大朵花卉或床上用品中大面积地运用这两种颜色。如果你喜欢电视上那些壮观的画面和极具震撼力的声音，这里还有一个小妙招，你可以在视频网站上搜索一些雪景和海景图片或视频来欣赏。

场景 1

　　在小花瓶里插上一两朵百合花或马蹄莲等花形较大的白色花朵，令人一看就神清气爽。白色能够反射光，所以即使只有一朵也十分有存在感。把花放在房间光照充足的地方，发挥白色的效果吧。

场景 **2**

如果没心情买花，那就单用琉璃蓝的花瓶来装饰房间吧，也很好看。当然，除了花瓶之外，也可以用一些空饮料瓶等自己喜欢的瓶子来装饰房间。

场景 **3**

床上用品也可以融入蓝色和白色的元素，比如白色的床单搭配蓝色的毛毯。虽然是带有夏日气息的颜色，但不同的材质，却能带来不同的感觉。记得试试看。

遇到令人紧张的场合时，

红色＆金色／银色

能让你成为自信的

"女演员"

"我一点儿都不恐高。你看我的高跟鞋有多高就知道了。"这是《欲望都市》中主角凯莉·布拉德肖（Carrie Bradshaw）所说的一句话。《欲望都市》是一部备受欢迎的电视剧，描述了四位女性在纽约的日常生活。

　　剧中的凯莉酷爱时尚名牌，而在她所收藏的鞋中格外亮眼的就是一双路铂廷（Christian Louboutin）的鞋子。众所周知，路铂廷的鞋子有着鲜红色的鞋底。红色的鞋底配上细长的高跟，充满自信的女性形象便浮现在眼前。

　　不管自己多么熟悉某种工作场合，也难免会有感到紧张的时候。这份紧张也是你认真对待工作的证明。正是因为置身令人紧张的重要场合，我们才更应该在自己身边默默融入一些红色元素来增强自己的信心。红色是能够让自己变得更强大的颜色。不管红色元素是像路铂廷那样铺满鞋底，还是只运用在鞋跟，又或者是布满整双鞋子，都十分好看。

　　建议和红色一起搭配使用的颜色是金色和银色。这三种都是代表勇往直前、积极向上的颜色，是能让自己的实力得到最大限度地发挥的颜色。有了这些颜色的助力，接下来你就只需要把平常准备好的东西充分发挥出来就行了。让我们借颜色之力，来打造自信"女演员"的气场，克服所有难关吧。

随 身 物 品

平时没怎么用过颜色华丽的物品，到了重要场合会有些不太好意思用。我建议有这种困扰的朋友试着慢慢习惯这些颜色，比如每周使用一次这些颜色。不必非得认为"华丽的颜色=重要的日子"。平时就可以涂上红色指甲油去健身房锻炼，也可以穿着闪亮的高跟鞋去超市买东西。

场景 **1**

红色的内衣能够非常有效地提升人的自信。即便是不太好意思穿红色衣服的人，也可以毫无顾虑地穿上红色内衣。给自己定一个"红色内衣周"吧，集中感受一下红色带来的力量。

场景 **2**

金色或银色的手机壳和记事本能让人产生一种"自己没问题"的自信。当然，把这些颜色运用在配饰和手提包上也可以。让自己如这些颜色般闪耀吧。

场景 **3**

关键时刻给自己涂上鲜红的指甲油吧。花时间涂指甲油，能够让自己意识到红色元素正在融入自己的生活。当然你也可以根据不同的心情改变指甲油的颜色。当然，给脚指甲涂指甲油也是可以的。

饮 食

红色食物中充满了力量。给自己点自信，挺直腰板，充分享用这些食物吧。很多人家里应该都有金色或银色的餐具，放着不用就太可惜了。趁着这个机会，把这些餐具都拿出来，擦得锃亮，营造出餐厅般的氛围。

场景 1

多吃点鲜红色的草莓和覆盆子吧。把新鲜的草莓用水冲洗一下，豪爽地用手拿着吃。买一盒，当作给自己的奖励。

场景 **2**

提到补充能量的食物，牛排就是个不错的选择。相较于平时，关键时刻要选择更高级一些的部位，来为自己加油打气！

场景 **3**

金色或银色的餐垫和筷架等会让平常的食物多一些高级感。冬天时带来华丽，夏天时带来清凉。这些颜色一年四季都适用，所以放一套这样的餐具在家里会非常实用。

家居环境

　　不管是红色、金色还是银色，都是能够一下子提升房间高级感的颜色。带着款待自己的心情，把那些能够鼓舞自己的单品一个一个认真地挑选出来吧。选择的时候，稍微自信一些，一定要相信自己和这些单品是相配的。

场景 1

　　把带有金色或银色元素的拖鞋穿在脚上，每天都能为自己加油鼓劲。回到家里，看到在门口迎接自己的华丽拖鞋，便会备受鼓舞，然后告诉自己"再多努力一点吧"。

场景 2

用一些红色和紫色的花来装点房间，体验一下当女演员的感觉吧。花毛茛是个不错的选择。别看它小，但很有存在感，而且价格也不贵。

场景 3

带有玫瑰花瓣的入浴剂，会为泡澡时光增添不少华丽感。这时候再点上一根玫瑰香味的蜡烛，那就是极佳的放松时刻。

事情繁多，

内心焦急时，

用蒂芙尼蓝来

放松身心

要做的事情堆积如山，却不知道从哪里着手，这时你会怎么做？大概会抓耳挠腮，大声叹气吧。这里我给大家推荐一个颜色，它能够让不知所措的心情平静下来。

这个颜色可以说是蒂芙尼的代名词，是一种带点亮黄色调的蓝色，它有个俗称，叫作"蒂芙尼蓝"。蒂芙尼蓝没有蓝色的冰冷和紧张感，反而给人放松愉快、清凉舒适的感觉。可能称它为"绿松石色"，大家会更清楚它是一种什么样的颜色吧。

蒂芙尼蓝的色调比蓝色更明亮一些，会让人联想到广阔无垠的大海。它会鼓励你坦率地面对自己的情绪，敞开心扉，尽情地发挥自己的能力。同时，它能帮你缓解烦躁或愤怒的情绪。

如果你现在手头没有蒂芙尼蓝的物品也没关系。只要让这个颜色浮现在脑海中，你就能感受到十足的畅快感和轻松感。以前去旅行时见过的清澈大海、在电视和杂志上看到的爱琴海……清爽的蓝色在脑海中展开，舒适的微风拂过心田。

随 身 物 品

蒂芙尼蓝的服饰会给人带来一种温柔又稳重的感觉。另外，自己从内心上也能得到放松，自然而然会为他人带去安心感。当需要融洽的交流氛围时，推荐大家使用这个颜色哦。

场景 **1**

想要平复心情时，可以穿一件蓝色系的衬衫或毛衣。记得要选择带些亮黄色调的绿蓝色。

关于香水，在香味上可以选择带有海洋气息的；在包装上则可以选择蓝色瓶装的。如果有能勾起自己心中回忆的香味，比如以前在旅行时购买的香水，那么不是海洋系的也可以。

场景 **3**

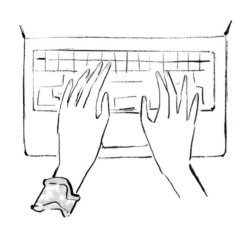

可以戴一些绿松石色的首饰，比如戒指、手镯等。坐在电脑前工作的时候，这鲜艳的颜色就会映入眼帘，心情便会随之改变。

饮 食

　　用餐的时候，可以将餐桌布置出令人心情畅快的旅行氛围。如果是在办公室里用餐，则可以在办公桌上放一份甜点，用蒂芙尼蓝的小盒子包装起来。放松心情，给自己一份奖励吧。

场景 **1**

　　把菠萝、芒果这些热带水果放在绿松石色的盘子里。打开房间的窗户，一边享受着微风，一边品尝这些水果吧。

场景 **2**

喝点装在蓝色调的玻璃
酒盅或酒壶里的清酒，也能
让心情平静下来。也可以准
备几道自己喜欢的下酒菜。

场景 **3**

让气泡水带你回归童心
吧。一边喝着气泡水，一边
回想着童年往事，说不定就
会找到自己真正想要珍惜的
东西。

家居环境

在房间里融入某种颜色，意味着当你处于刚起床的全新状态时，就会受到那种颜色的影响。在房间里加入蒂芙尼蓝的物品，即使前一天遇到艰难的事情，也能让你带着积极的心态开始新一天的生活。当你为自己接下来这一天的忙碌而感到焦虑时，它能平复你的心情，帮你找回沉稳的表情。

场景 **1**

把带有蓝绿渐变效果的图画摆放在房间里，会让人心情畅快。自己动手画，你会有更多和颜色相处的时间，也更能感受到颜色带来的乐趣。

场景 **2**

忙得不可开交的时候，就把换起来方便快捷的靠枕套换成绿松石色的。虽然是比较强烈的颜色，但其实非常适合和米色、茶色以及灰色这些基础色搭配。

场景 **3**

天气好的时候，骑着蓝色的自行车出去转一圈吧！满眼的蓝天，舒适的微风，能够让你的身心焕然一新。

产生疲倦感，

无法展露笑颜时，

换上阳光般的橙色

无论是多有趣的工作、多喜欢做的家务，如果每天都做着同样的事情，不管是谁都想停下来歇口气。即使想努力露出微笑也很难做到吧。这种时候，就让橙色带你重新展露最灿烂的笑容吧。

橙色是由红色和黄色合成的一种特别的颜色。红色象征着领导力，而黄色如孩子般天真无邪。橙色将两者的优点集于一身，让人看起来既具有领袖气质，又不会觉得难以接近，带有一些亲切感。可能也是因为这样，所以只要有橙色在身边，我们就能展露最灿烂的笑容。橙色就是这样一种不可思议的颜色。

橙色，经常会让人联想到受人喜爱的，也是生活中所需的阳光的颜色。每个人对阳光的颜色有着不同的理解，有人认为阳光是红色的，有人则认为阳光是橙色或黄色的。能让看到阳光的人和沐浴阳光的人产生不同的感受，想必也是因为阳光的颜色十分耀眼吧。

橙色能让你笑容倍增，所以就把心情交给它吧。橙色是交际色，它能在你和你所珍惜的人之间架起心灵的桥梁，是人生中不可或缺的颜色。

随 身 物 品

橙色是一种能够让你从拥有它的那一刻起就心动不已的颜色。"要不干脆换个橙色手提包吧？""买双亮橙色的凉鞋怎么样？"橙色会鼓励你做出稍微大胆一些的决定。大家一定要去找一找能让自己开心的橙色单品。

场景 **1**

把记事本、书皮这些文具换成鲜艳的橙色，能够提高工作积极性。一定要记得，"看到橙色，嘴角就会不自觉地上扬"。

场景 **2**

阴沉沉的下雨天，心情
也会跟着变沉闷。这时候可
以带一把橙色的伞出门，为
自己增添一份好心情。没什
么阳光的时候，更需要橙色
来照亮我们。

场景 **3**

用橙味的香薰来振奋精
神吧。香薰有一种滚珠瓶装
的款式，外出的时候很方便
携带，可以帮你随时随地转
换心情。这个香味也很受男
性和小孩子喜欢，所以非常
适合在家里使用。

饮食

橙色能够让人露出笑容，所以希望大家都能将橙色融入自己的日常习惯中。越是烦琐的事情，和橙色就越搭。橙色拥有的华丽感会让人觉得只有自己看到有点可惜，再加之它确实能给生活增添乐趣，所以推荐大家使用橙色。

场景 1

早上可以来一杯橙汁或者胡萝卜汁，从视觉上感受橙色带来的满满能量，让你一整天都面带笑容。

用橙色的水壶来给自己沏茶或泡咖啡吧。渐渐养成习惯后，你的笑容会越来越多。

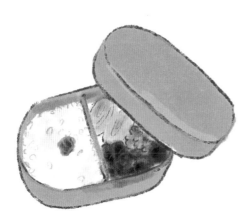

便当盒、玻璃杯等容器也可以换成橙色的。虽然忙的时候还要专门去准备这些容器很难做到，但如果能在忙碌中用到这些东西，正好可以趁机夸夸自己"我很厉害啊"。

家居环境

好不容易迎来假日，却带着一脸的疲惫度过，这未免也太可惜了！可以在房间里摆放一些橙色的室内装饰品，放些巴萨诺瓦音乐来振奋精神。当然也要记得出去晒晒太阳。累到连这些都不想做的人，记得参考一下第九十页之后的内容。

场景 1

最推荐的就是在天气晴朗的时候，到室外尽情地沐浴阳光，晚上则可以使用橙色的灯光。

场景 **2**

如果想在客厅里融入橙
色，那就放几个底色为橙色
的靠垫吧！只要有一件橙色
物品，整个客厅就会变得明
亮起来。或者换个橙色的沙
发也不错！

场景 **3**

阅读一些书皮为橙色或
有橙色元素的书。如果自己
家的书架里没有，可以去书
店找一找。让自己邂逅新的
书籍，会很有意思。

Part 3

第 三 部 分

借颜色之力,
成为更闪耀的自己

给自己一份宠爱，

让粉色和灰色围绕在身旁

越是努力的人，往往越容易忽略自己。这样的人有时候也应该停下脚步，奖励自己一番。换句话说，就是"给自己一份宠爱"。

具体而言，可以在自己觉得最舒适的空间里尽可能多地放置一些粉色的小物品。粉色能够带你沉浸在它所散发出来的温柔和暖意之中。

肯定也会有人不太好意思用粉色，那就更应该鼓起勇气，试着让粉色走进自己的日常生活。至于在生活中如何运用粉色，之后我会详细给大家介绍。总之，就是要让自己身边的粉色多到连自己看了都不禁觉得有点不好意思。

如果连宠爱自己的心情都没有，那就暂且先抛开粉色，把目光转向灰色吧。灰色是一种比较暧昧的颜色，它既不是白色，也不是黑色。它能够起到如润滑油般的调节作用，让你从没完没了的问题和烦恼中抽身片刻，找回冷静的自己。借灰色缓口气，然后再好好给自己一份奖励，这样也不错。

随 身 物 品

在出门旅行或按摩等放松身心的时候，就可以用上粉色和灰色的搭配。为了能够继续做努力的自己，记得试一试这组颜色，以从中获得力量。不过，灰色也是一种容易让人"半途而废""犹豫不决"的颜色，所以要始终从积极层面来认识灰色，告诉自己现在是为了让自己放松。

场景 1

拼命努力的时候，可以给自己打上一层轻薄的淡粉色腮红。看到镜子中脸颊略带粉色的自己，就会意识到有时候也要懂得善待自己。

场景 **2**

想要放空思绪的时候，可以穿上一条灰色的连衣裙。而宠爱自己的最佳搭配就是灰色的牛仔裤配上淡粉色的T恤。

场景 **3**

带上淡粉色的行李箱去旅行吧。如果在旅途中遇到自己心仪的住处，就可以把它当作困境中放松心情的地方。

饮 食

　　每天精心准备一些菜肴当然也很重要，但在这里我想着重介绍一下"努力日的奖励"。给自己买一些甜品、饮料还有熟食等，当作给自己的奖励，尽情享用吧。偶尔给自己办一个小型派对也很不错啊。

场景 1

　　作为给自己的奖励，我比较推荐一些草莓粉或玫瑰粉等粉色系的甜品。虽然圣代和蛋糕也可以，但相比之下，还是慕斯和马卡龙这些在外观上就能够呈现出粉色的甜点更能发挥颜色的效果。

场景 **2**

晚上的时候，可以给自己来一杯玫瑰红的葡萄酒佐餐，放松一下。酒香扑鼻，五感都能享受到它所散发出来的粉色气息。喜欢日式酒的人，也可以找一下有没有粉色瓶装的日本酒。

场景 **3**

筋疲力尽，什么都不想做的时候，做饭烧菜可以暂时放一边，直接去买一些熟食回来。比起放在一次性包装盒里，把菜盛到灰色的盘子里再享用，更能让人打起精神来。

家居环境

在房间里加入一些粉色和灰色元素，打造一个宠爱自己的空间。在外严格要求自己的人更应该在家中营造出温馨的气氛。这样能够让自己尽快从工作模式中脱离出来，进入休息状态，也能使紧张的心情放松下来。

场景 1

在灰色的瑜伽垫上放松片刻吧。把烦恼暂且放一边，先让自己全身心地投入到瑜伽中。如果发现有水肿或肌肉紧张的地方，那就好好犒劳一下不断努力的自己。做瑜伽的时候，可以穿上粉色的健身服。

场景 2

试试在玄关挂一个主色为粉色的花环吧。出门办事的时候，你就能感受到花环在为自己加油打气。

场景 3

如果不太好意思用粉色来装饰房间，可以考虑把包裹身体的浴巾换成温柔的粉色。当然，粉色的防滑垫或擦手巾也可以。

成 为 干 劲 十 足 的 自 己 ，

用 红 色 给 自 己 补 充 能 量

让自己提起干劲，其实还是挺难做到的。明明只要迈出一步就能带来改变，却迟迟踏不出第一步，还会为此感到非常自责。这时候，就应该想到红色。红色是象征能量的颜色，也是血液的颜色。把红色运用到衣服、鞋子这些穿着打扮上当然没问题，但在这里我想着重推荐的是把红色运用到饮食上。希望大家将红色融入自己的日常饮食中。

想要提升干劲，首先要做的就是从身体内部开始补充能量。说到红色，大家的脑海中最先浮现出来的食物是什么？应该就是番茄、红辣椒、红甜椒和苹果这些吧。先来尝一下番茄吧。买一些新鲜的番茄，切开后加入一些自己喜欢的调料，就可以享用了。当然，直接拿着番茄啃也可以。总之，就是要在视觉和味觉上尽情享用鲜嫩多汁的番茄。没有空闲时间的人，也可以喝点番茄汁。不过，如果是袋装或罐装的，建议不要直接饮用，倒入透明的玻璃杯中再喝吧。把红色补充进自己的体内，能量也就得到了恢复。

随身物品

"好！今天要积极努力工作！"抱有这种想法的人，可以随身携带一些红色的小物品或者穿一件红色的衣服来帮助自己振作精神。红色能够吸引他人的注意，所以周围的人也会受到这些红色元素的影响，变得干劲十足。同时，在颜色平衡以及材质选择上也需要注意，避免产生闷热感。

场景 **1**

外出的时候，把红色的皮带或手提包作为点缀色来搭配吧。少许的红色元素就能带来满满的能量，所以哪怕只是一些小物品，也会很有效果。

場景 **2**

在办公用品里也可以加入一些红色元素，比如红色的笔袋、鼠标垫或电脑外壳等。把这些放在办公桌附近，激发自己的干劲吧！

場景 **3**

参加户外休闲活动时，可以背上红色的双肩包，这样可以促使自己更积极地享受这难得的休闲时光。带上红色的帐篷和椅子这些稍大一些的物品也可以！

饮食

　　红色能够让人食欲大增，所以也非常适合用在厨房里和餐桌上。我建议大家可以在红色食物的旁边搭配它的互补色（能互相衬托且色调差最大的颜色）——绿色。为了避免红色产生的嘈杂感，可以选择只在边沿处等地方略微点缀红色的餐具。

场景 1

　　在厨房用红色的围裙和手套可以帮你打起精神。不擅长做菜的人，用上这些红色物品也会提起干劲。再加把劲吧！

场景 **2**

来挑战一些之前没怎么尝试过的番茄菜肴吧！卡布里沙拉、番茄酿肉、茄汁意面等。随着你会做的菜肴越来越多，渐渐地，你每天都能品尝到不一样的红色食物。

场景 **3**

餐前来一杯桑格利亚汽酒，感受红色酒水和水果带来的视觉享受。可以挑战一下自制桑格利亚汽酒，自己动手调制，喝的时候就会乐趣倍增。

家居环境

　　不单在工作中需要干劲，做家务和居家健身的时候同样需要。如果你经常觉得虽然想去做这件事，但完全提不起干劲，那就在房间里加入红色元素，来激发自己的积极性，干脆利落地把事情做完吧！

场景 1

　　在浴室里，可以放一些红色瓶装的洗发水和护发素来给自己补充能量。建议大家准备两种不同的洗护产品，一种在平时使用，另一种则在缺乏干劲时使用。

场景 **2**

提不起劲做家务的时候，可以在洗衣篮、衣夹这些物品中融入红色元素。你家里有没有一些不管什么颜色，随意买来却一直在用的东西？可以趁这个机会重新检查一下。

场景 **3**

健身时，可以用一些红色的瑜伽球、哑铃和重力球。黑色能够增强自律意识，所以想要认真投入锻炼中时，可以穿上黑色的健身服。

激 发 灵 感 思 维 ，

感 受 黄 色 的 独 特 魅 力

不管是在工作中还是做家务中，都会遇到需要想新点子的时候。比如，工作中的新企划或新设计，家务里的晚餐菜单、孩子的便当、家中的布置等。

探索新点子是十分有意思的过程。但如果你不太擅长运用灵感思维，这个过程就会变得非常费劲。"我自己一个人在那儿想了好久，但什么点子都想不出来！"这种经历大家应该都有过一两次吧。

那么，这个时候就让"黄色"带你回归童心吧。黄色本身就是一种非常独特的颜色。将黄色充分运用到生活中，关键时刻自然而然就能够激发灵感思维。

"黄色会不会太孩子气了？"答案当然是否定的。确实，小孩子的身边充满了黄色。那是因为黄色是最明亮的颜色，是一种典型的既醒目又无性别之分的讨人喜欢的颜色。而这并非仅限于小孩子，即使长大成人，到了爷爷奶奶辈，黄色依然能够带来这样的效果。

随 身 物 品

明亮的黄色象征着对未来的憧憬。把它融入自己的随身物品中，"如果这能实现，应该会很有意思吧"这样的好点子可能就会顺利地在脑海中涌现。春夏季用浅柠檬黄，秋冬季则用芥末黄。不同的季节，选择不一样的色调，会很好看。

场景 1

想获得新启发的时候，就可以用上能够带来期待感的黄色。穿上一双黄色的浅口鞋，迈着轻快的脚步出发。看着街头的广告和行人，可能会获得新的视角。

穿上淡黄色的连衣裙、
衬衫或者半身裙，让一直精
神紧绷的大脑放松下来吧。
建议选择一些比较柔软、蓬
松的材质，这有助于让思维
自由发挥。

如果觉得黄色的服装有
些难以接受，可以选用柠檬
味的唇膏和护手霜，为自己
增添一抹淡淡的黄色气息。
在公司里，柠檬香也非常适
合使用，所以可以把它们一
直放在办公室里。

饮 食

　　考虑每天要做什么菜是件非常让人头疼的事情。让黄色成为伙伴，为自己带来明快的心情，进入动脑时刻吧。用鸡蛋和南瓜等食材来做菜当然不错，但是用上藏红花、姜黄这些香料也会很有意思哦。用它们来做几道别具一格的菜肴吧。

场景 1

　　说到黄色的食物，不可忽视的就是蛋类菜肴了。其中不乏制作起来简单方便的菜式，日常生活中就可以做。蛋包饭、厚蛋烧、炒鸡蛋……各种各样，要做什么就根据自己的直觉来决定吧。

有空的时候，可以用黄油做一些点心。既能看到淡黄色的黄油渐渐融化的样子，也能享受到扑鼻而来的浓郁香气。从香味联想到颜色，也是非常重要的颜色使用习惯。

场 景 **3**

思维陷入僵局的时候，可以拿起黄色的海绵擦，专心地洗会儿东西。做着简单的家务，灵感说不定就会突然出现在脑海中。

家居环境

　　黄色不仅能激发灵感思维，它那明亮的色调还能带来活力，活跃交流气氛。黄色也经常被用作幸福的象征，非常适合用来营造轻松愉快的家庭氛围。

场景 1

　　想以全新的心情度过每一天，那就给窗帘换上黄色的流苏绑带吧。窗帘的绑带是每天早上都会接触到的东西，能够让自己带着愉快的心情开启新一天的生活，灵感也会更容易迸发出来。

房间杂乱无章，这时就用有黄色点缀的收纳盒来收拾吧。把散乱的东西都暂时先收进盒子里，盖上盖子，带着畅快的心情投入工作中。

秋季的时候，就会想感受一下金桂的颜色和香味吧。虽然市面上的香水和香氛也很好，但好不容易迎来金桂飘香的季节，就出门去找一找金桂树吧。

以温柔对待身边人，

借粉色和奶茶色平复心情

每天又要忙工作，又要做家务，不知不觉中一天就结束了……这种日子经常有吧。有时候甚至连每日待办事项的一半都完成不了。

忙到无暇顾及他人时，平日里能做到的细心体贴，可能也会在不知不觉间变成粗鲁冷淡。这时候，先找回关心爱护自己的那份心情，才能用温柔去对待身边的人。

日本有很多温和的颜色。其中，粉色更是一种会默默地守护着你的内心、给你带来母亲般感受的颜色。粉色也被称为子宫的颜色，它所散发出来的温柔气息，会在你遇到艰难或悲伤的事情而垂头丧气时，悄悄地包裹着你。粉色有着大地般的包容和母亲般的温柔，说它是让人变温柔的颜色一点也不为过。

还想推荐大家一种颜色——奶茶色。它由包容力和沉着感十足的亮茶色和奶白色混合而成。米色系是能给人带来自在和轻松的颜色，所以能够让自己和他人都从紧张的情绪中放松下来。

随 身 物 品

当得到他人的关心、听到温暖的话语时，比如"你这么从容，真棒啊"，我们就会感到很开心。如果发现自己在忙碌时没法顾及他人的情绪，那就赶紧在自己的身边融入粉色和奶茶色，找回自己温柔的一面吧。

场景 1

把钱包、名片夹这些小包换成奶茶色的吧。这些都是和他人共处时会用到的东西，在选色上注意一下，有助于帮你营造温柔的感觉。

场景 2

披肩穿脱方便，而且覆盖面积大。只要披在身上，一下子就能改变穿着上的颜色，十分方便。这时候最好选用色调浅且不稚嫩的粉色。

场景 3

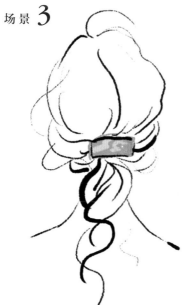

想立马变温柔的时候，可以在头上戴上奶茶色的发饰。直接把发色换成奶茶色，会给人更温柔的感觉。

饮 食

在和家人、朋友这些重要的人一起用餐时，粉色是有助于营造出柔和氛围感的颜色。而略偏日系的暗粉色因不会显得太过稚嫩或可爱，所以不管和谁一起用餐，都非常适用。体贴他人的这份心情，能够丰富你的人生。

场景 1

给别人的礼品就用粉色的布来包装吧。比起纸质包装，可再次利用的布更能表达对他人的关怀。

场景 **2**

勃朗峰蛋糕配上红茶，能给人带来轻松又温柔的下午茶时光。春季的时候，樱花甜品和樱花拿铁也不错。

场景 **3**

想温柔对待家人的时候，就用粉色的盛器吧。因为粉色能衬托出绿色的美，所以可以把菠菜和蚕豆这些应季的蔬菜装在粉色的盘子里，给家人带去治愈感。

家居环境

奶茶色的室内用品和织物非常多，很容易买到。为了增加轻松感，记得选择能够给人温暖、温柔感觉的物品。

场景 1

把擦手巾换成奶茶色，每次洗手的时候，都能找回温柔待人的心情。不管是在自己家，还是在办公室都推荐使用。

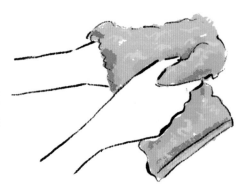

场景 2

在餐桌上摆上几朵淡粉色的小花吧。去花店选择最打动你的花，可以是香豌豆，也可以是康乃馨。从选择的那一刻起就开始感受粉色，这一点很重要！

场景 3

和家人相处的时候，不知不觉就忽略了对他们的关怀。用奶茶色的地毯来点缀客厅，唤起心中的温柔吧。圆形的地毯，会让情绪变得更加平和。

想 得 到 他 人 信 赖 时，

给 藏 青 色

搭 配 上 一 抹 纯 白

工作中，难免会突然出现一些争执。即使你处理事情再小心谨慎，希望能让工作顺利进行下去，但还是会因为一些小事气馁，这就是工作。

正因为如此，信赖关系是不可或缺的。我长年从事咨询工作，遇到过很多因为外表而招致误会从而失去他人信赖的例子。而外表，是你努力多少就能改变多少的因素。

在想通过好印象来提高信赖度的场合，比如重要的商务谈判、有上司参加的会议等，一定要记得把藏青色巧妙地融入进来。藏青色是一种中规中矩且具有正义感的颜色，也是工作中必不可少的颜色。

习惯运用藏青色之后，也可以加入一些白色。这里所说的白色，指的是如雪一般的纯白色。只要想象一下熨烫过的白T恤给人带来的好印象，就能知道白色的效果。将藏青色运用在脸部周围，白色则运用在手部和脚部附近。比如用藏青色的上衣搭配白色的半身裙，或者用藏青色的连衣裙搭配白色的高跟鞋和手提包等。

随 身 物 品

在商务场合经常会用到藏青色。不过如果搭配不当，就会显得过于寡淡，所以需要通过有特点的设计和材质来打造出不同的感觉。衣服最好能够熨烫一下，呈现出平整如新的效果，这样有利于增强信赖感。

场景 1

用于正式场合的经典搭配，就是藏青色的西装外套配上纯白色的衬衫。外套可以选用粗花呢或麻质这些有特点的材质，这样能够穿出时尚感。

場景 **2**

如果只用藏青色这一种颜色，会显得脸色比较暗沉，所以可以在脸部周围搭配一些亮色的围巾或披肩。在选择配色的时候，记得去光线明亮的地方。

場景 **3**

说到小物品，藏青色的皮质手表怎么样？有了藏青色手表的助力，你不仅能够更认真地投入工作中，给人的信赖感也会有所提升，所以也推荐把它当作日常佩戴的手表。

饮食

　　白色的餐具既干净又有光泽，能够打造出清洁感十足的餐桌。因为是比较普遍的餐具颜色，所以即便在形状或材质上有一些特别，也不会让人觉得难以接受，还会显得非常时尚哦。

场景 1

　　当和你一起用餐的是你想要加强信赖关系的人时，可以选择以白色为基调的餐厅，不管是在餐具上，还是在内部装饰上。这样既不会显得过于随意，也不会显得阴沉。在干净的氛围中，谈话也能够顺利展开。

场景 2

在办公室使用的马克杯
可以换成纯白色的。把它放
在办公桌上,不仅能够让自
己头脑清晰,周围的人也能
清楚地看到这抹白色。

场景 3

说到需要信赖关系的场
合,未必就是工作场合。当
你想要加深和家人之间的情
感时,也可以使用带有藏青
色元素的碗和筷架等。藏青
色和所有颜色都很协调,非
常好用。

家居环境

在房间内加入藏青色和白色，既沉稳又整洁，能给人成熟的感觉。虽然像之前所说的，白色是具有清洁感的万能色，但如果在室内只使用白色这一种颜色，就会显得过于单调。运用某种颜色时，一定要注意和其他颜色之间的平衡。

场景 1

在房间里放一面白色框架的穿衣镜，用它来整理仪容。用上略带紧张感的白色，有助于我们整理好外出的心情，表情也会变得自然起来。

场景 2

把床上用品都换成白色的，像酒店那样整理床铺。房间属于私人空间，睡在平整干净的床单上，能够增加自己对自己的信赖感。

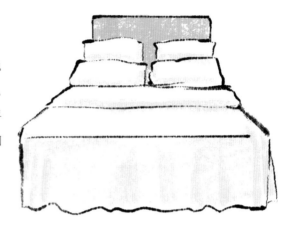

场景 3

藏青色的睡衣和拖鞋也很不错。不管是棉质的，还是真丝的，去选择自己喜欢的材质吧。藏青色是中规中矩的颜色，和柔软的材质组合在一起，能让身体得到充分的休息，为第二天做好准备。

成为更美丽的自己，

探寻不同色调的粉色

提升自己，让自己变得更美，是一种对自己的珍爱。想要变得更漂亮的人，记得和粉色来一场认真的对话。你为什么觉得那个粉色好？现在你想要的是什么样的粉色？反复考虑一下自己的心情以及对粉色的感受，再去做决定。

我第一次去巴黎的时候，就对在那里看到的粉色的多样性感到惊讶。在花店、高级时装店、美术馆还有咖啡店等地方，绽放着多种多样的粉色：有如同散发着甜香的淡粉色，也有连触摸都足以让人心动的艳粉色……法国对于颜色的审美意识，体现在选择每一种颜色时的细致和讲究上。

我经常告诉大家"要慎重地去选择颜色""要和颜色认真对话"。对美的追求越高，就应该对既温柔又具有包容力的粉色有着越细致地追求。让自己多看看不同色调的粉色，从众多的粉色中找到最能让你做自己的那种粉色，那个时候的你想必全身都洋溢着自信吧。

随身物品

在本书中，我已经推荐过粉色好多次了。那是因为单说粉色，就有沉稳的粉色、妩媚的粉色、可爱的粉色等多种类型，粉色是种非常多面的颜色。你肯定能够从中选出符合自己对美的追求的那种粉色。

场景 1

把家里的粉色化妆品，不管是浅粉还是深粉，集中在一起，找出自己此刻最喜欢的粉色。如果你觉得眼前的粉色大同小异，没有能够打动自己的，那是时候去挑些不一样的粉色了。

场景 **2**

穿上樱花色的风衣去买
衣服吧。你肯定能遇到更能
展现自己魅力的单品。

场景 **3**

穿上粉色的内衣，好
好对待自己的身体。淡粉色
当然很好看，但也可以试
试带些蓝色调的粉色，美感
更强。

饮食

　　粉色是能够促进女性荷尔蒙分泌的颜色。可以用粉色的盛器来搭配美容又健康的食物。不只是从食物中，从餐桌布置中也能感受到粉色带来的效果。

场景 **1**

　　给自己备一些能够提升女性荷尔蒙分泌的营养补品吧。把它们从原本的包装中拿出来，放入粉色的药盒中，这样能够振奋精神。

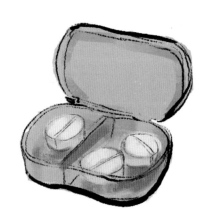

场景 2

用粉色的玻璃盛器来装
水果。猕猴桃、苹果、葡萄
柚等，建议多选择一些富含
维生素C的水果。

场景 3

木槿花茶是能够带来视
觉享受的花茶，用玻璃茶具
来饮用，就可以欣赏到茶色
慢慢析出的过程。茶中含有
的维生素C可以美容养颜，
钾元素则能够消除水肿。

家居环境

在服饰上，不管男性还是女性，已经有越来越多的人选择粉色，但在室内布置上还是会有人对粉色感到有些抵触。如果是和别人合住的环境，可以选择色调比较素净的粉色，或者选用一些以粉色为点缀色的小物品。

场景 **1**

用上粉色的香氛散香器，让房间里弥漫着粉色的味道。对室内布置有自己的讲究、不想轻易改变的人，也可以通过香味来享受变化。

场景 **2**

在平时化妆和护肤的洗漱间里，摆放一些粉色的玫瑰花吧。在这些容易变脏的地方，装饰上一些花，自然而然就会让人想要保持洗漱间的干净整洁。

场景 **3**

让柔软蓬松的粉色拖鞋和家居服陪你度过舒服惬意的居家时间。不管是拖鞋，还是家居服，都是直接和肌肤接触的物品，所以要精心挑选肤感舒适的材质，而这也是对自己的一种爱护。

提升自身气质，

用宝蓝色打造高雅感

高雅，是不管到了什么年龄都想拥有的一种美。即使年龄大了，也还是能给人时尚又不失优雅的感觉。每当看到这样的人，我心中总会有些向往："等我到了这个年龄，也要像这样生活。"穿着宝蓝色的连衣裙，搭配上宝蓝色的礼帽，就会如同英国女王伊丽莎白般浑身散发出高雅的气质。蓝色系本来就是高贵感十足的颜色，而宝蓝色更是如此。这样的打扮，单是站在那里，就会让看到的人不禁挺直身板。宝蓝色就是这样一种高贵、优雅的颜色。

在街上吸引目光的不只是刚刚提到的那些年龄大的人，还有和自己同龄的人。他们有的白色牛仔裤搭配宝蓝色毛衣，有的纯白色西装配上宝蓝色围巾。

那些高雅的人都有一种共同的特质，那就是拥有自己的风格。宝蓝色好像能够营造出那种拥有自我风格的感觉，而且还会让人的魅力翻倍。追求优雅、风姿飒爽的人，一定要记得尝试一下宝蓝色。

随身物品

宝蓝色是种浓郁且鲜艳的蓝色，是英国王室的官方颜色。宝蓝色也是种特别的颜色，融入随身物品中，自然而然就会给人带来一种高贵感。去那些令人紧张的场合时，可以试试宝蓝色，会让你觉得安心哦。

场景 1

说到雅致的文具，那就是钢笔了。拿着宝蓝色的钢笔写字，不自觉地就会挺直身板。墨水的颜色也非常多样，去挑选自己喜欢的蓝色吧。

场景 **2**

　　宝蓝色相对来说比较容易用在服装上，在这里我要推荐的是真丝吊带衫。默默地穿上高雅的衣服，不管到了什么样的场合，都会让自己变得更加强大、自信。

场景 **3**

　　在重要的场合，可以戴上闪耀着深蓝色光芒的蓝宝石戒指和项链。蓝宝石的宝石语是"诚实""慈爱"。象征着绝不动摇的真心的蓝宝石，确实能够提升自己的气质。

饮食

宝蓝色的餐具大多设计雅致。如果觉得和日常的菜肴不太搭的话，也可以选择琉璃蓝或群青色这些色调比较接近的颜色，色浓，也很好看。

场景 **1**

下午茶时间，可以用上宝蓝色花纹的茶杯和蛋糕盘。陶瓷品牌皇家哥本哈根（Royal Copenhagen）尤其能打造出优雅的下午茶时光。

场景 **2**

　　很多绘有蓝色花纹的盘子，非常适合日常使用。盛食物的时候稍微留出点空白，便能享受到高雅的用餐时光。

场景 **3**

　　说到深蓝色的食材，我比较推荐茄子。不管是做成和食、西餐还是中餐，都十分适合。当桌上的菜肴颜色较淡时，深蓝色食物也能为餐桌带来一些紧凑感。

家居环境

　　房间里只需要一点宝蓝色元素就能营造出优雅的氛围。但一定要注意，因为宝蓝色比较鲜艳，所以如果在材质或设计上搭配不当，容易产生廉价感。最好是自己实际看一下，感受一下，这样才能选出提升自己气质的物品。

场景 1

　　在客厅里铺上一张宝蓝色的地毯。如果觉得纯色太过浓烈，和房间不太协调，也可以选用带有宝蓝色花纹的地毯。记得选择一些图案比较雅致的花纹。

　　泡完澡，给自己穿上一件带有宝蓝色元素的浴袍，高雅感十足。放松身心的私人时间，就应该选择优质的浴袍来包裹身体。

　　在房间里摆放一些龙胆花或翠雀花等蓝色的花吧。给花瓶装饰上蓝丝带，或者在花瓶下面铺一层蓝布，也能成为优雅的点缀。

后 记

日本有很多好看的颜色。它们的名称和由来都十分深奥，越了解就越是被这颜色的世界所吸引。有名字极美的颜色，也有梦幻感十足的颜色，数不胜数。

在本书中，譬如蓝色，就有琉璃蓝、群青色、绀碧色等。即使是蓝色这一种颜色，也很难一概而论。要找到一模一样的蓝色并不容易。虽然看起来可能差不多，但仔细观察一下，就会发现其实存在着细微的差别。比如这个略微淡了一丁点儿，那个稍微鲜明了一些。这就是颜色的有趣之处，颜色的个性，简直就像钻石一样。

我和颜色相遇，对颜色感兴趣，与颜色朝夕相处已经超过二十五年了，也从颜色中学到了很多东西。

首先是"美"和颜色之间的关系。随着年龄的增长，我越来越切实地感受到美丽的事物总有着美丽的颜色。因此，我对美丽的事物充满了憧憬，也就此开启了探寻颜色的道路。

接下来就是"食"和颜色之间的关系。每天习以为常吃着的食物，拥有的颜色其实丰富到令人惊讶。注意到这一点的时候，我不禁感叹：应该没有像食物世界这么美的颜色世界了吧。

最后就是"住"和颜色之间的关系。拥有了属于自己的房子和房间，在这里，我们第一次能够选择自己喜欢的、让自己开心的颜色。从床上用品和靠垫套这些触感舒适又松软的东西的颜色开始改变，这不仅能让自己的住处变得更加可爱，而且还能让自己体会到居住环境的颜色选择有多么重要。令人心情愉快的颜色还会让家显得更为舒适。这也是颜色带来的特别效果吧。

在本书中，除了想告诉大家我们可以用颜色来调节自己的心情之外，还包含了很重要的一点，那就是遵从自己的内心选择颜色这件事有多重要。不管心情有多差，只要能够做到自己控制自己的情绪，就能转换成好心情，而转换的工具之一就是颜色。如果平日里能按照自己的想法去选择颜色，不经意间出现的烦闷心情也会一点点减少。

也就是说，遵循自己的想法才能选出属于自己的颜色。按照他人的想法，看他人的脸色去选择颜色，不管多漂亮的环境、多美丽的打扮，都很难让自己开心起来。发自内心地去微笑，发自内心地去享受，稍微以自我为中心一些，你会感到更加愉快、舒适。

和数十年前相比，现在这个时代更容易让人表达个性。从颜色的角度来看，以前那个商品只有个别颜色可供选择的时代，已经逐渐变成了有各种各样颜色可供选择的时代。不用特意去进口物品中寻找，也能发现漂亮的颜色。购物本是很幸福的事情，但被他人的价值观所束缚，犹豫不决、无法选择的人却越来越多了。

为了按自己的风格生活，建议大家去找回选择颜色的自由。更加随心所欲一些，多去感受能带给自己快乐的颜色。有些沮丧的时候，就打开这本书，用眼睛和心灵去感受颜色，从颜色中获得足够的勇气。在今后的生活中，养成享受颜色的习惯，讴歌属于自己的人生。我会为你们加油的。

最后，非常感谢Discover 21编辑部的安永姬菜女士。在阅读了我的上部作品《颜色习惯》之后联系我，并制作了这本精美的书籍。还有阅读完这本书的读者们，衷心感谢能够通过这本书和大家相遇，谢谢。

[日] 七江亚纪

自分の機嫌は「色」でとる（七江亜紀）

JIBUN NO KIGEN HA "IRO" DE TORU

Copyright © 2021 by Aki Nanae

Illustrations © by Nozomi Yuasa

Original Japanese edition published by Discover 21, Inc.,Tokyo,Japan

Simplified Chinese edition published by arrangement with Discover 21,Inc.

本书中文简体版权归属于银杏树下（上海）图书有限责任公司。

著作权合同登记图字：22-2023-032号

图书在版编目（CIP）数据

好心情颜色图鉴/ (日) 七江亚纪著；王媛

译. —贵阳：贵州人民出版社, 2023.10

ISBN 978-7-221-17748-3

Ⅰ. ①好… Ⅱ. ①七… ②王… Ⅲ. ①心理调节—通

俗读物 Ⅳ. ①B842.6-49

中国国家版本馆CIP数据核字(2023)第142282号

HAO XINQING YANSE TUJIAN

好心情颜色图鉴

[日]七江亚纪　著

王　媛　译

出 版 人	朱文迅
选题策划	后浪出版公司
出版统筹	吴兴元
编辑统筹	王　頔
策划编辑	王潇潇
责任编辑	唐　博
特约编辑	谢翡玲
封面设计	昆　词
责任印制	常会杰
出版发行	贵州出版集团　贵州人民出版社
地　　址	贵阳市观山湖区会展东路SOHO办公区A座
印　　刷	北京盛通印刷股份有限公司
版　　次	2023年10月第1版
印　　次	2023年10月第1次印刷
开　　本	889毫米×1194毫米　1/32
印　　张	4.75
字　　数	76千字
书　　号	978-7-221-17748-3
定　　价	52.00元

读者服务：reader@hinabook.com 188-1142-1266　　投稿服务：onebook@hinabook.com 133-6631-2326

直销服务：buy@hinabook.com 133-6657-3072　　官方微博：@后浪图书

贵州人民出版社微信